Ch. Leroy

La vie champêtre

Deuxième Cahier

Lecture 10.

Le cultivateur a souvent occasion de faire
l'aumône. — Comment doit-il la faire ?

86. — Je suis entré hier à la Classe d'adultes,
un peu avant la fin du Cours. Maîtres et élèves allaient
se séparer, car il était tard ; et l'Instituteur relisait
à ses grands élèves le Chapitre qu'ils avaient épelé les
uns après les autres. Il lisait comme il convient de lire,
c'est-à-dire en donnant à sa voix une intonation en
rapport avec le sens de l'histoire sainte qu'il avait
sous les yeux.

87. Voici ce que j'entendis :

« Tobie déjà vieux se sentait mourir ; il appela
son fils et lui dit :

« Enfant, écoute ma parole et observe mes commandements. Bientôt Dieu aura reçu mon âme et tu ensevéliras
mon corps. Souviens-toi d'honorer ta mère, sans oublier
jamais ce qu'elle a souffert pour toi. Quand elle aura
comme moi, achevé son temps, tu l'ensevéliras à mon côté.

« Pense à Dieu chaque jour, et ne consens jamais au
péché. Prélève sur ton bien la part du pauvre et n'évite
pas le regard du malheureux, par là le Seigneur détournerait
à jamais —

De toi sa face. Sois donc charitable autant que tu le pourras. Si tu as beaucoup, donne beaucoup, si tu as peu, donne peu, mais que ce soit de bon cœur. Car elle en d'un grand secours auprès du Seigneur, l'aumône, quand on sait la faire. »

88. — Et comme l'heure de se retirer était venue, les élèves quittèrent leurs places et j'entendis quelqu'un qui disait : « Soyons bienfaisants, ne perdons pas la coutume de nos pères : Donnons aux pauvres le pain et l'asile. »

89. — Celui qui parlait ainsi avait raison, Cultivateur, tes pères étaient hospitaliers. Quant à toi, tu imites leur exemple, en donnant un morceau de pain au voyageur sans ressource. Les malheureux le savent si bien, que beaucoup se mettent en route et voyagent, sans compter sur autre chose que sur ton appui, et rarement ils sont trompés dans leur espoir. N'ayant que peu de bien, tu ne donnes que peu de chose…..le pain et l'asile. D'ailleurs ils ne demandent rien de plus.

90. — Mais dans quel esprit accomplis-tu cette bonne œuvre ? C'est là ce qu'il faut voir.

Il est certains fermiers qui donnent aux malheureux, parcequ'ils redoutent de voir le mendiant tirer vengeance d'un refus ou d'un mépris, et ils disent : "Je suis persuadé que cet homme, loin d'être un vrai pauvre, n'est qu'un vagabond de profession. Il m'implore aujourd'hui comme il le faisait il y a trois semaines, car il parcourt le canton, vivant aux dépens des Cultivateurs. Cependant il n'est ni malade ni infirme : peut-être même est-il plus riche que moi. Si je le renvoie les mains vides, il se vengera ; je lui ferai donc l'aumône, afin qu'il n'incendie pas mes meules ou ne m'afflige pas de quelque autre malheur. »

91. – Si tu cèdes à des craintes semblables, Cultivateur, tu as tort. Donne à celui que tu crois pauvre, ou qui dit être pauvre, quand tu n'as aucune raison de douter de sa bonne foi. Mais si tu as acquis la preuve que celui qui tend la main ne mérite pas ton aumône, refuse poliment d'accéder à sa demande, car il ne faut pas encourager la paresse du mendiant indigne d'être assisté.

92. – Prends bien garde néanmoins de te tromper dans tes appréciations, et, en pareille circonstance, imite la conduite prudente du juge qui a devant lui un accusé. Il l'interroge avec calme, puis quand il a pesé les raisons que cet homme expose pour sa défense, s'il trouve qu'il n'y a contre l'accusé que des apparences et non des preuves, il lui dit : « Allez, je vous déclare innocent. Peut-être êtes-vous coupable, mais il vaut mieux laisser vingt coupables impunis que de s'exposer, faute de preuves, à condamner un innocent. »

93. – De même avant de condamner le pauvre

et de le rejeter, interroge-le ; et quand même tu le soupçonnerais d'être un vagabond, ne le renvoie pas les mains vides, si tu n'as pas la preuve évidente de sa faute. Car que sais-tu si ce malheureux, étant repoussé de tous, ne deviendrait pas un malfaiteur ? — Vraiment il est préférable d'être dupé cent fois de suite, que de risquer même une seule fois, d'avoir jugé criminel celui qui n'était que malheureux.

93. — C'est surtout quand l'ouvrier sans travail frappe à ta porte, que tu dois te montrer charitable. Fais-lui fête, cultivateur, car un tel homme est bien à plaindre. Tu connais les mauvaises saisons, et les maigres récoltes qui amènent pour toi la gêne, mais tu ignores le plus souvent le chômage et la faim. La terre te donne le bois, le pain, et tout ce qui est indispensable à la vie, et si parfois tu es gêné, tu n'es presque jamais misérable. Mais comprends-tu l'angoisse de l'ouvrier sans travail, les pleurs de cet homme qui sait un métier et ne peut gagner sa vie ? Il est fort, plein de courage, et ne trouve personne qui consente à l'employer. Il regarde en se lamentant ses bras nerveux et il en a honte, car il dit : "Si je demande l'aumône, on me méprisera et l'on criera : "Paresseux, pourquoi ne travaillez-vous pas ? Allez, vous êtes fort ! Cherchez du travail et vous en trouverez. »

94 — Quand donc tu rencontres sur ton chemin un homme réduit à cette extrémité, accueille-le comme un parent ou un ami. Fais-lui place à la table commune de la ferme, et si ton habitation est voisine de la ville, dis à l'ouvrier : "Ce soir vous coucherez ici et demain vous irez à la ville y chercher du travail. Si vous ne trouvez pas à vous employer, revenez vers moi et la porte de ma maison s'ouvrira encore pour vous. Mais surtout ne vous attristez pas et ne perdez pas courage ; car des jours meilleurs feront oublier cette misère. Jamais on n'a vu l'honnête homme abandonné de Dieu et ses enfants manquer de pain."

95 — N'évite donc pas le regard du malheureux, mais souviens-toi, Cultivateur, de cette parole de Tobie : "Elle est d'un grand secours auprès de Dieu, l'aumône, quand on sait la faire." Soulage le malheureux :

Donne, afin que le Dieu qui dote les familles
Donne à tes fils la force et la grâce à tes filles.
Donne afin que ta vigne ait toujours un doux fruit,
Afin qu'un blé plus mûr fasse plier tes granges,
Afin d'être joyeux, afin de voir les anges
Passer, dans tes rêves, la nuit. [1]

(1) Victor Hugo.

Lecture 11.

Le bon cultivateur est charitable. Ce qu'est la charité.

96. - Charité veut dire amour. Être charitable, c'est avoir l'amour du prochain, aimer ses semblables, faire à autrui tout le bien qu'on voudrait qui nous fût fait à nous-mêmes.

97. Il ne suffit pas, cultivateur, de faire l'aumône pour être un homme charitable; et quand même tu distribuerais tout ton argent pour la nourriture des pauvres, si tu agis par ostentation, tu n'aimes pas tes semblables : tu ne mérites point d'être appelé charitable.

98. - L'homme vraiment charitable est patient et doux; il n'est point envieux; il n'use point d'insolence et ne s'enorgueillit point. Il ne se complaît pas dans la pensée du mal et ne se réjouit pas quand il voit s'accomplir une action mauvaise, mais il est heureux du bien qui se fait autour de lui. Il est en joie avec ceux qui sont en joie, et le malheur d'autrui l'afflige. Rien de ce qui touche les autres hommes ne lui est étranger.

99. - S'il donne aux pauvres, c'est avec simplicité et si son voisin lui demande un service, il n'est point paresseux à s'employer pour lui.

Il n'aime pas seulement ses parents, ses amis, ses voisins, ses compatriotes ; il aime l'humanité tout entière, et, autant que cela est possible, il a la paix avec tous les hommes.

100 — Il aime ses ennemis eux-mêmes et ne maudit point ceux qui le persécutent. Il ne les maudit point, non, pas même en secret, mais il leur pardonne. et leur ayant pardonné, il leur rend le bien pour le mal. Il souffre l'injustice sans se plaindre, car il connaît que le triomphe du méchant est de courte durée.

101. — Un tel homme ne recherche donc que la perfection, sachant que Dieu, qui voit toutes choses, le prendra en pitié et lui accordera les autres biens comme par surcroît.

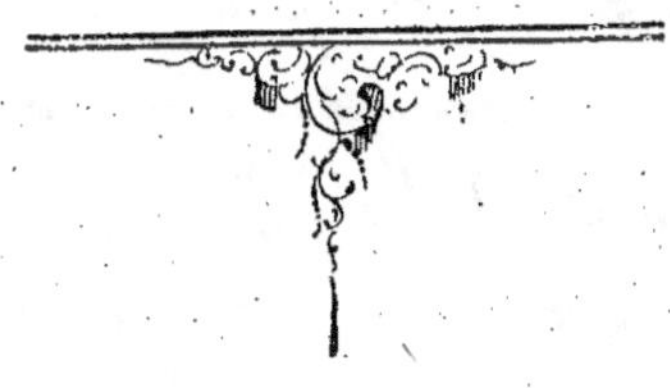

_ Lecture

Lecture 12.

La charité s'étend à tous, même aux coupables.

102. — Habitue-toi donc, cultivateur, à aimer l'humanité, c'est-à-dire à être bon même ailleurs que dans ta famille, à voir des frères dans tes voisins, tes serviteurs, et même dans les étrangers. Surtout garde-toi de juger les autres hommes, de les mépriser en te comparant à eux et en estimant tes qualités supérieures aux leurs, car il ne t'appartient pas de condamner autrui.

103. — Il est, dans les campagnes, un grand défaut, cause de beaucoup de misères; c'est que si quelqu'un a failli à ses devoirs, il ne trouve ensuite chez les autres hommes aucune compassion. Ce n'est pas même de l'indifférence qu'on lui témoigne, c'est de la haine, et il a parfois à subir une véritable persécution.

104. — Considère, cultivateur, les terribles conséquences de ce manquement à la charité. Un homme, par exemple, sort de prison, il a été condamné pour avoir blessé un autre homme ou

pour avoir commis tout autre crime. La justice, en le condamnant, lui avait dit : « Vous avez commis une faute, et comme la société doit réprimer le mal fait à autrui, vous irez subir en prison le châtiment que vous avez mérité. » Mais durant sa captivité, la justice a pris soin que ce malheureux, comprenant l'étendue de sa faute, revînt à de bons sentiments, et sortît de la maison de force meilleur qu'il n'y était entré. Sans doute ces soins que prend la société pour améliorer le coupable ne réussissent pas toujours, mais souvent aussi ils réussissent ; souvent le prisonnier a résolu de réparer ses torts.

105. — On l'a fait travailler assidûment, parce que le travail est salutaire à l'homme, et ce prisonnier qui, avant sa condamnation, n'était pas laborieux, a pris l'habitude d'accomplir sa tâche et de se rendre utile. L'aumônier de la prison et les sœurs de charité l'ont encouragé au bien, le directeur et les gardiens de l'établissement ont été bienveillants à son égard, et le prisonnier repentant s'est écrié : « Je veux redevenir honnête homme et regagner l'estime publique. Quand donc j'aurai achevé mon expiation, je rentrerai parmi mes semblables et je serai bon. Je ne fréquenterai que les

honnêtes gens, car il n'y a que le bien qui rend heureux. »

106. Et voici que cet homme ayant quitté la geôle, ne rencontre que le mépris, non pas l'indifférence ou le dédain, mais le mépris dans ce qu'il a de plus atroce. On lui refuse du travail, car il n'y en a pas pour les êtres de son espèce. On le montre au doigt et l'on chuchotte en passant à ses côtés ; les petits enfants eux-mêmes connaissent sa faute et ont appris à le mépriser. Et si, dans un moment de colère, il relève la tête et menace l'insulteur, on lui dit : "Prends garde de retourner en justice. »

107. — Alors ce malheureux pleure et s'écrie : "Ma faute est inexpiable ; elle demeure à jamais sur moi. Voici qu'après avoir, durant de longs mois, subi une peine infamante, j'essaie de retourner parmi les hommes, et ils refusent de me recevoir. Ils sont plus implacables que la justice, car ce n'était que pour un temps que les juges m'avaient puni ; mais ceux qui étaient mes amis, mes parents, me repoussent. Je suis perdu sans retour.

Le désespoir le saisit alors ; il hait les hommes ; il commet de nouvelles fautes et la prison se rouvre encore pour lui. Voilà les résultats de la dureté du cœur, et ce que produit chaque jour le manque de charité.

108. - Vraiment, cultivateur, il vaudrait mieux que ceux qui ont ainsi traité un tel homme eussent été eux-mêmes affligés de grands malheurs, plutôt que d'avoir repoussé leur prochain. Car s'ils avaient perdu leur fortune, ils n'auraient éprouvé qu'une perte d'argent, ils auraient souffert au lieu de faire souffrir. - Mais leur frère pleurait et ils ne l'ont pas consolé; il chancelait et ils ne l'ont pas soutenu; il est tombé dans l'abîme en criant vers eux, et ils ont été sourds à sa plainte; ils n'ont donc pas observé la loi de Dieu, la loi de justice et de charité. Ils sont donc malheureux, car le plus grand des malheurs, c'est d'être méchant.

109. - Veux-tu, cultivateur, éviter de pareilles fautes? rentre en toi-même et habitue-toi à reconnaître tes défauts, ta faiblesse, au lieu de dire: Je suis meilleur que le voisin. - Humilie-toi alors et remercie Dieu. Mais si tu rejettes ton prochain et l'affliges, tu commets un crime envers celui qui a dit à tous les hommes: « Mes petits enfants, aimez-vous les uns les autres. »

Lecture 13.

Le bon cultivateur est le précepteur de ses enfants.

110 Un grand poète des temps anciens appelé Homère, a fait, dans l'un de ses ouvrages, la description d'un objet en fer forgé, merveilleusement travaillé par la main des hommes. On y voyait, dit le poète, un agriculteur au milieu de son champ. Il se tenait au milieu de ses serviteurs et de sa famille, attentif à tous les travaux de la culture et jetant sur ces occupations le coup-d'œil du maître. Appuyé sur son cep de vigne, comme un roi sur son sceptre, il contemplait ses moissons brillantes au soleil et les troupeaux bien entretenus surveillés par les bergers. Le poète, émerveillé de ce tableau, s'écrie alors en parlant de l'agriculteur : « Il est là, heureux comme un roi, semblable à un roi...... »

111. — Homère compare l'homme des champs à un roi, pour exprimer qu'il ne sait pas de profession plus noble que celle de cultivateur. — Un tel homme nourrit les siens et son pays, et s'il donne à ses enfants la nourriture de l'âme comme celle du corps, la vie se sera écoulée excellente entre toutes les existences

d'homme, car être utile à son pays et élever une famille à la sueur de son front, c'est l'honneur d'un homme.

112. - Regarde donc ta profession comme belle et estimable et attache-toi, cultivateur, à donner à tes fils l'exemple de l'honnêteté. Celui-là seul aime sa famille, qui la gouverne sagement et ne lui donne que de bons exemples.

113. - Le bon père de famille, qu'il soit riche ou pauvre, a l'estime de tous les hommes, parce qu'il élève convenablement ses enfants ; et, comme on juge de l'arbre par ses fruits, on sait gré à ce travailleur, non seulement des qualités qu'il a en propre, mais de celles qu'on rencontre chez ceux qu'il a instruits.

114. - Le bon père de famille dit que ses enfants sont la joie de sa maison, ses bijoux, ce qu'il a de plus précieux : il en leur précepteur, leur maître dans le bien. Comme il respecte la mère de famille, les enfants la respectent aussi ; comme il est levé dès l'aube, les enfants imitent cet exemple et ne sont point lents à se rendre au

travail.

115.– Les plus petits de la famille fréquentent l'école, et le fils aîné se montre fier d'assister son père et de l'aider aux labours.– Et quand le père tient la charrue, le fils aiguillonne les grands bœufs; il apprend à conduire et à manier la charrue, à tracer des sillons égaux et droits, à renverser convenablement les bandes de terre, à ne pas fatiguer inutilement ses bêtes, à proportionner la profondeur du sillon à la qualité de la terre.

116.– Le père de famille ne l'instruit pas seulement sur ces choses, mais le spectacle de la nature l'invite sans cesse à enseigner à l'enfant la grandeur de Dieu, et comment ce Souverain Maître se révèle dans toutes ses œuvres. Des circonstances les plus ordinaires de sa condition, le laboureur sait tirer un utile enseignement. Quand l'attelage fatigué fait halte, le père montre à l'enfant les petits oiseaux voletant dans le sillon fraîchement tracé et il dit:

« Enfant, aime Dieu et respecte son œuvre;

car il a fait toutes les créatures utiles à l'homme, il les lui a assujetties. Considère ces petits oiseaux qui parcourent le champ avec nous. Ce sont nos meilleurs auxiliaires, et sans leur concours, le blé que nous sémerons ne fructifierait pas, car il serait dévasté par les vers et les insectes de toute espèce. Mais ces oiseaux nous suivent, et sur notre trace, ils se nourrissent des vers blancs que la charrue a laissés à découvert en retournant les mottes de terre. Regarde comme ils sont confiants, ils viennent même se percher jusque sur la corne des bœufs ; ils attendent impatiemment que nous ayons repris notre travail pour continuer la chasse qu'ils ont commencée à notre profit.

« Bergeronnettes, moineaux, pics, martinets, corbeaux ont leur mission spéciale dans l'œuvre de la création. Un seul moineau, par exemple, absorbe en un jour plusieurs centaines d'insectes ; ainsi chacune de ces petites bêtes détruit, durant sa courte existence, plusieurs milliers de vers et de chenilles. — Veux-tu d'autres exemples ? Vois le troupeau de moutons répandu sur la pâture voisine : les sansonnets le suivent pas à pas. Ils ne se contentent pas de voleter çà et là,

mais ils viennent se poser sur le front
même des brebis ; ils épucent le troupeau et
recherchent dans la laine la vermine qui le ronge.
Ne détruis donc jamais les oiseaux. »

117. — Et quand le soir est venu, le laboureur
reprend avec son fils le chemin de la ferme ; tous deux
sont heureux du travail accompli et prient Dieu de
rendre fertile le champs qu'ils ont labouré. Puis
les bœufs dételés sont rentrés à l'étable et le père
enseigne encore à son enfant quels soins leur sont
dus. Il bouchonne leur pelage, il leur prépare
une bonne litière, il leur distribue le fourrage qu'ils
ont si bien mérité par leur travail ; ainsi l'enfant
s'habitue à être reconnaissant, même envers les
animaux.

118. — L'enfant qui reçoit de son père ces utiles
leçons l'aime d'autant plus qu'il lui paraît plus
sage et plus vertueux. Le père, à son tour, se
réjouit en son fils, et bénit Dieu de ce qu'il lui
a, pour les jours de la vieillesse, réservé un
tel soutien.

Lecture 14.

Le bon cultivateur est savant en tout ce qui concerne sa profession.

119. — Le cultivateur qui élève ainsi sa famille est un homme instruit de ce qui concerne son état. — Non seulement il se garde de détruire les oiseaux, mais il n'a aucun des préjugés habituels aux habitants des campagnes. Il sait que la couleuvre est inoffensive; que le hérisson fait la guerre à une foule de petits animaux nuisibles; que la chauve-souris et le hibou se livrent, durant la nuit, à la chasse aux insectes, tandis que les autres oiseaux dorment dans leurs nids. Il laisse donc vivre ces créatures utiles et apprend à ses enfants quels services on doit en attendre.

120 — Il ne croit pas aux sorciers, et quand on lui rapporte qu'un méchant berger a jeté un sort sur les troupeaux d'un autre cultivateur et les a frappés d'un mal inconnu, il n'ajoute pas foi à ces récits. Il ne rit pas non plus du malheur qui a affligé le voisin, mais il répond qu'il n'existe pas de sorciers et qu'il est des règles à

« observer quand on entretient des bêtes à laine. — Le
« plus souvent, les maladies qui affectent le
« troupeau sont dûes à l'ignorance ou à la paresse
« du fermier. »

121. — Si tu veux donc, cultivateur, être
ce bon père de famille, instruis-toi, comme lui, des
devoirs de ta profession.

N'est-ce pas une chose pénible que le spectacle
qu'on a sous les yeux si l'on se rend dans un
marché ? Des cultivateurs sont là, incertains du
choix qu'ils doivent faire ; quelques-uns d'entre eux,
ne savent même pas distinguer au juste l'âge, la
race ou l'état de santé des bêtes ovines. On en
rencontre qui sont ignorants des garanties que la
loi leur a faites contre le vendeur de mauvaise
foi. Ils n'osent dire au marchand qui leur
vend des brebis, combien grande est leur
défiance, mais ils l'emmènent au cabaret,
ou s'y laissent entraîner par lui ; ils essaient de
le faire parler et de le trouver en défaut. — C'est
là manquer de droiture, et l'on ne doit point
user de pareils subterfuges

122. — N'agis donc pas ainsi, cultivateur,
et si tu ne veux pas t'exposer à être trompé, aie

le courage de t'instruire ; cela vaut mieux que
d'user de petits moyens à l'égard des autres hommes,
et de les amener boire avant de faire marché
avec eux. Que veux-tu apprendre au cabaret ?
Espères-tu, en conversant avec le marchand, connaître
si cet homme a l'intention de te tromper sur
l'âge, la race ou l'état de santé des troupeaux
que tu achètes ? – Mais, en admettant-même
l'utilité d'une telle conversation au cabaret, seras-
tu plus avancé si, de retour à la ferme, tu es
obligé de t'en remettre à la discrétion du berger
pour tout ce qui regarde les soins, la conduite et
les maladies des bêtes à laine ? Certes, si tu as un
bon berger, tes troupeaux prospéreront ; mais si
ton serviteur est négligent, les brebis pâtiront et
seront malades, sans que tu saches quelles causes
produisent de tels résultats et quels soins doivent être apportés
aux maladies des troupeaux. Tel n'est point le cas d'un
bon fermier.

123– Le bon fermier est un homme instruit de tout
ce qui concerne son état. Il conduit ses serviteurs dans
l'élevage comme dans la culture, et ses serviteurs ne le
mènent point à leur gré, mais il les étonne par son savoir,
il les enseigne au lieu d'être enseigné par eux.

Lecture 15.

Achat des troupeaux.
Age, race et qualité des bêtes ovines.

Dentition.

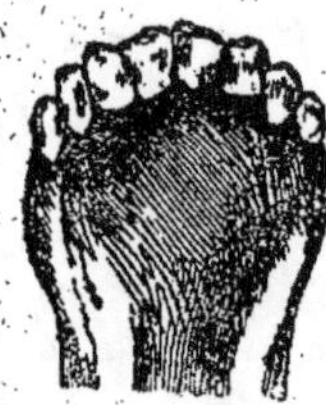

(Agneaux.)

Dents de lait —
8 dents de lait.

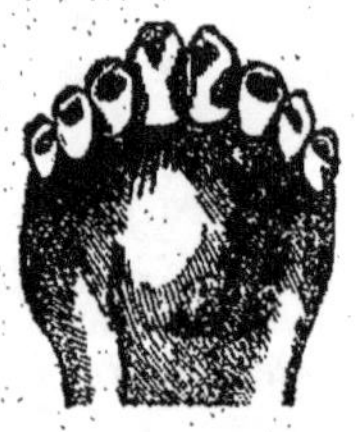

Antenais.
2 dents d'Antenais et
6 dents de lait —

124. — L'âge des bêtes à laine se reconnaît à l'examen de la Dentition.

125. — Durant la première année de leur existence & les premiers mois de l'année suivante, ces animaux sont appelés _agneaux_ et leur mâchoire est, à cette époque, garnie de 8 dents étroites et aiguës, les dents de lait.

126. — Vers l'âge de quinze mois, les dents du milieu de la mâchoire tombent & font place à deux autres dents plus larges, plus fortes et la bête à laine prend alors le nom d'_Antenais_ ou _Antenaise_, selon qu'il s'agit d'un mâle ou d'une femelle.

127.- Mais au cours de la troisième année apparaissent deux nouvelles dents; chacune d'elles remplace encore une dent de lait.

Toutes deux prennent leur place à droite et à gauche des deux premières dents d'Auxtenais.

128. Pendant la quatrième année, deux autres dents de lait disparaissent pour faire place à deux autres grosses dents, et il ne reste plus au mouton ni à la brebis, en fait de dents de lait, que celles qui sont placées aux deux côtés de la mâchoire, à droite et à gauche, dans les coins.

129.- Et cinq ans les deux dernières dents de lait, celles qui sont placées dans les coins, ont fait place aux deux dernières grosses dents. Il n'est plus possible, après cette époque, de constater avec certitude l'âge des bêtes ovines, car chez certains animaux, les dents s'usent avec rapidité, chez d'autres, la dentition reste parfaitement conservée, même à l'âge le plus avancé.

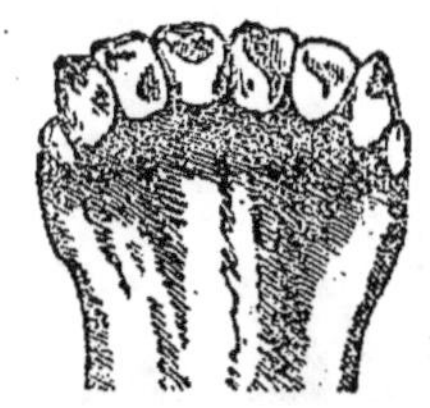

4 dents d'Auxtenais et 4 dents de lait.

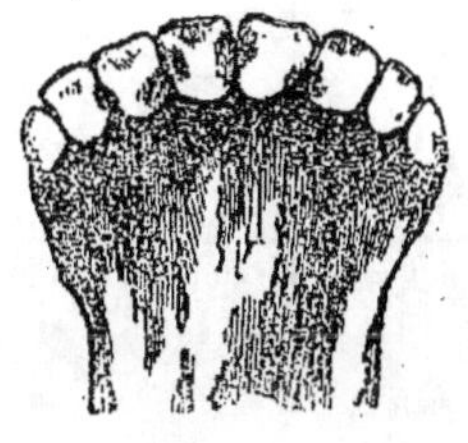

6 dents d'Auxtenais et 2 dents de lait.

8 dents d'Auxtenais

130. – Examine toujours l'état de santé des bêtes ormes que tu achètes. Regarde si leur chair est rosée, si elles ont l'œil vif; observe si leur haleine est douce. Car l'animal fatigué ou malade a le regard terne, les veines de l'œil blanchâtres, et il marche lentement, comme ayant conscience de son état de faiblesse. Il manque d'appétit; mais il boit avec avidité.

131 En choisissant des animaux d'apparence robuste, aux épaules larges, au cou fort, à la jambe fine et courte. Ils auront la laine moelleuse et bien frisée. Enfin tout le troupeau sera marqué au chiffre du vendeur.

Bélier anglais

" Les races ou variétés du mouton sont nombreuses
" on distingue principalement :

« 1°. Les moutons de race commune, à laine
« courte;

« 2°. Les moutons à laine longue, connus sous
« le nom de moutons anglais, à tête sans corne, à queue
« longue et pendante, dont la laine fine et très-longue
« sert à fabriquer les tissus improprement appelés
« poils de chèvre;

Brebis mérinos.

« 3°. Les moutons mérinos, originaires de l'Espagne? »

132 — Les moutons anglais et les moutons mérinos sont d'un bon
rendement et ces animaux s'acclimatent et prospèrent aisément dans notre
pays. Mais quelque soit ton désir de devenir un riche éleveur, garde-toi
d'acheter des bêtes de prix en trop grand nombre, car il vaut mieux ne posséder
que vingt brebis en bon état, que d'en avoir trente qui languissent mal soignées.
Faute d'une nourriture suffisante, ton troupeau tout entier dépérirait, et
plus tard tu serais forcé de t'en défaire à vil prix.

Lecture 16.

Achat des troupeaux.
Vices rédhibitoires des bêtes ovines.

133. – Au retour du marché, tu te souviendras qu'un court délai t'est fixé par la loi pour reconnaître si le vendeur t'a trompé en te donnant pour sains et bien portants des animaux malades.

134. – La loi, en effet, estime que deux maladies sont difficiles à reconnaître par un premier examen, chez les sujets de l'espèce ovine. Ces maladies sont :

1° la clavelée ;

2° le sang de rate.

135. – La Clavelée. – La clavelée est contagieuse et il suffirait d'un mouton ou d'une brebis malade pour infecter tout le troupeau. Aussi la loi déclare que cette maladie reconnue chez un seul des animaux achetés suffit pour entraîner la rédhibition de tout le troupeau. En d'autres termes, il suffit qu'une seule bête (même sur cent, même sur mille) soit atteinte de la clavelée, pour que tu fasses déclarer nul le marché qui a eu lieu, et que tu obtiennes le remboursement de l'argent que tu as versé entre les mains du vendeur. Cela se comprend, puisque par le fait d'une bête

malade, tous les sujets composant le troupeau pourraient succomber l'un après l'autre ; mais la loi veut que cette maladie ait été reconnue dans le délai de neuf jours, à dater de la livraison du troupeau.

136. – *Le Sang de rate*. – La maladie nommée sang de rate n'est pas contagieuse ; c'est-à-dire qu'il est possible qu'un ou plusieurs animaux sur cent soient affectés de ce mal, sans que les autres bêtes composant le troupeau soient en mauvais état. Aussi la loi s'est montrée moins sévère pour le vendeur qui a cédé à une autre personne un troupeau où se rencontrent un ou deux moutons atteints du sang de rate. Il faut que, dans les neuf jours qui suivent la vente, la quinzième partie au moins des bêtes acquises ait été frappée du sang de rate, pour que le marché soit déclaré nul et que l'acquéreur rentre en possession de l'argent qu'il a versé.

Exemple : = Si tu as acheté 60 moutons ou brebis portant la marque de celui qui te les a vendus, il faut que quatre d'entre ces animaux aient succombé atteints du sang de rate pour que la vente puisse être résiliée.

137. – La loi est juste, cultivateur, et il suffit de connaître la nature de ces deux maladies pour comprendre l'équité de ce règlement et la nécessité de cette distinction.

138. – La *Clavelée* est la petite vérole des animaux de l'espèce ovine. Elle consiste en une éruption de gros boutons

qui couvrent le corps de l'animal, puis la fièvre survient et souvent la maladie est mortelle et se communique au troupeau entier.

139. – Le *sang de rate* n'est au contraire, qu'une manière de coup de sang. La bête à laine tombe comme frappée d'apoplexie, mais cette maladie n'a rien de contagieux, et comme elle se manifeste subitement, le législateur a pensé qu'il n'y avait *vice rédhibitoire*, c'est à dire cause de nullité dans la vente effectuée, que si plusieurs des bêtes vendues venaient à succomber du sang de rate.

140. – Tu sépareras donc, au retour du marché, les bêtes à laine que tu viens d'acquérir, du reste de ton troupeau. Tu éviteras ainsi que les maladies contagieuses dont elles pourraient être affectées se communiquent aux autres animaux; ensuite tu les tiendras en observation durant les délais de rigueur.

141. – Si donc un mouton porte des boutons de *clavelée*, si l'une ou plusieurs des brebis sont frappées du *sang de rate*, souviens-toi que pendant les neuf jours qui suivent la vente, le marchand est garant des animaux vendus, et que tu as le droit d'exiger que l'argent par toi versé en ses mains te soit remboursé intégralement. Mais il ne suffit pas de ton

affirmation pour obtenir ce résultat, deux précautions sont nécessaire :

1° Appeler le vétérinaire,

2° Informer le juge de paix

142. — Le vétérinaire examinera les moutons malades de la clavelée ou frappés du coup de sang. Par un certificat qu'il te délivrera et qui fera foi en justice, il attestera qu'il s'agit bien d'animaux de tel âge, de telle race, marqués à tel chiffre et atteints de maladie entraînant résiliation de la vente. — Cela préviendra toute discussion.

Le juge de paix à son tour, entendra les explications, nommera un expert, s'il le juge convenable ; enfin, s'il y a lieu, il condamnera le vendeur au remboursement de l'argent versé

143. — Garde donc en mémoire ces indications. Le bon cultivateur doit connaître toutes les lois qui régissent sa profession.

Lecture 17.

De la nourriture des bêtes à laine.

144. — La nourriture la plus convenable aux bêtes ovines est le pâturage, mais il faut bien distinguer quelles sortes de pâturages sont préférables à l'égard de ces animaux.

145. — Si tu conduis tes troupeaux au milieu de prés humides, ils y contracteront cette maladie qu'on nomme pourriture. Elle est le plus souvent mortelle, et aucune des bêtes à laine qui auront pâturé sur des terrains ainsi humectés ne sera à l'abri de l'infection.

146. — Atteint de la pourriture, le mouton perd l'appétit, parce qu'il digère mal; et sous sa gorge apparaît un gonflement, une poche d'eau; sa laine se perd, son ventre se gonfle, et il ne tarde pas à succomber. Si l'on examine le corps de cet animal, on trouve qu'il a le foie rempli de vers.

147. — Aussitôt, cultivateur, que tu t'apercevras que tes moutons manquent d'appétit, place dans leur auge une forte ration de sel; ils n'en abuseront jamais. Donne-leur aussi d'excellents foins, de l'avoine, et conduis-les de préférence dans les lieux secs.

148. — La pourriture proviendrait donc d'une nourriture trop aqueuse ou humide, trop débilitante donnée aux animaux. Veille à ce que leur régime soit convenable. L'hiver, par exemple, lorsqu'ils demeurent à la bergerie, garde-toi de leur

de leur distribuer seulement des fourrages secs. Ce serait tomber dans l'excès contraire à celui que nous signalions tout à l'heure. Les animaux s'échaufferaient, et quand viendrait le printemps en changeant brusquement de régime, ils seraient encore mal à l'aise. Donne leur donc durant l'hiver, non pas seulement des fourrages secs, mais aussi des légumes. Ils boiront moins, étant moins échauffés et ils ne s'en porteront que mieux.

149. — Dans les contrées où le sol est sec et rocailleux, les bêtes à laine sont sujettes au coup de sang. Le meilleur moyen de prévenir ces accidents est de ne pas laisser le troupeau manquer d'eau et de le conduire, de temps à autre, si cela se peut, dans des prés frais et ombragés.

150. — Ne mène jamais les bêtes ovines dans les bois. Elles y contractent principalement la maladie qu'on a appelée tournis. Elles sont atteintes de convulsions et ne tardent pas à périr. Leur mal est dû à la présence d'êtres animés (des vers) qui se sont développés et vivent dans le cerveau du mouton auquel ils causent ainsi de terribles souffrances. Il a suffi, pour cela, qu'une mouche d'une espèce particulière et qui vit dans les bois, se soit introduite dans les narines de la bête à laine et y ait déposé ses œufs. Des vers se sont produits et ont ainsi vécu dans la tête de l'animal.

151. — La paissance dans les bois n'est donc pas salutaire aux troupeaux. — Les bêtes ovines y gagnent le pissement de sang et les bêtes à laine y contractent le germe du mal appelé tournis.

Lecture 18.

Des bergeries.

152. Si tu veux, cultivateur, posséder des troupeaux sains et d'un bon rendement, donne tes soins à l'aération de la bergerie.

Rappelle-toi que les moutons et les brebis n'ont jamais froid. Il faut de grands aboutants et d'abondante pluie, pour que les plus jeunes d'entre les agneaux se ressentent d'une température d'hiver, qui ferait souffrir les hommes les plus vigoureux. Il n'en saurait être autrement, puisque les bêtes ovines sont recouvertes, non seulement de leur toison, mais encore d'une matière grasse appelée _suint_ et qui enduit les fibres de leur laine.

153. Quand donc les troupeaux reposent à la bergerie, les animaux se tiennent serrés les uns contre les autres et ne ressentent pas la température extérieure. En même temps, se dégage de leur corps et aussi de la litière, une vapeur âcre provenant de la perspiration, de la sueur et du suint. Ces émanations, jointes à l'odeur du fumier, produisent une atmosphère échauffante et malsaine pour les bêtes à laine. Lorsque ces animaux sortent ensuite de leur habitation, l'air extérieur agit sur eux avec une vivacité extrême et de là des maladies qu'avec un peu de soin il eut été facile de prévenir.

154. D'ailleurs les étables mal aérées n'auraient-elles que l'inconvénient de faire suer les animaux outre mesure, et, par conséquent, de les fatiguer, que tu devrais, cultivateur, y pratiquer des ouvertures suffisamment larges, afin de les assainir. Car, que rechercher tu, en t'adonnant à l'entretien des troupeaux,

n'est-ce pas le croît et la laine, l'élevage, l'engraissement, et la vente de la toison ? Considère alors que des animaux passant la moitié de leur existence dans un milieu malsain, engraisseront difficilement. Est-ce le froid que tu redoutes pour eux ? Examine alors tes bêtes à laine quand la pluie les a surprises en plaine, avant leur retour à la bergerie. Tâte en tous sens leur toison et tu t'apercevras que la chair des animaux n'a pas reçu l'ondée. L'extrémité des poils frisés a été à peine mouillée, mais l'animal n'a point souffert.

Les Anglais, nos maîtres en agriculture et en élevage, ont si bien compris l'utilité de ne point séquestrer inutilement les bêtes à laine, qu'ils entretiennent en plein air leurs troupeaux. Ils ne connaissent guère d'autre éducation que le parcage, et durant les nuits les plus froides, les troupeaux sont rassemblés sous des hangars ouverts à tous les vents.

155.- Ta bergerie sera donc, cultivateur, aérée autant que possible. Les animaux n'y vivront point entassés les uns sur les autres et tu tiendras toujours propre la litière sur laquelle ils reposent. Car il ne suffit point que les portes de la bergerie demeurent ouvertes, tandis que les animaux sont au pâturage. Renouveler l'air vicié de l'étable, de temps à autre, ce serait seulement atténuer le mal sans le guérir. Il faut que la litière soit propre, c'est-à-dire renouvelée fréquemment.

156. N'est-il pas regrettable que des troupeaux tout entiers soient atteints de cette maladie qu'on nomme le piétin ? — Elle consiste en une inflammation de la partie inférieure du pied. La peau se gonfle, puis se fendille, l'animal boite et les chairs malades répandent une odeur infecte. Cependant le mal serait facile à guérir, car il n'y a d'autre cause que la malpropreté des litières sur lesquelles séjournent les bêtes à laine. On répond à cela que le piétin n'est pas dangereux, mais tout le temps qu'a duré l'affection, agneaux, brebis et moutons ont souffert, et de là une perte pour le fermier. Il eût été si simple d'éviter ce malheur.

157. Le bon cultivateur s'attache donc à connaître les diverses maladies auxquelles sont sujettes les bêtes à laine, il en étudie la cause et, par des soins attentifs, il sait en préserver son troupeau. L'économie d'ailleurs lui fait une loi, une nécessité, de ces minutieuses précautions, car un troupeau mal soigné ne rapporte aucun bénéfice. Si pour un mouton qui vaut cinquante francs, quand il est en bon état, il devenait nécessaire d'appeler plusieurs fois de suite le vétérinaire, où serait le bénéfice ? Dis-le moi, cultivateur négligent ?

SAINT-CLOUD. — IMPRIMERIE DE Mme Ve EUG. BELIN.